TOKIIRO 的
多肉植物裝飾指南

一盆混栽，享受豐富變化

TOKIIRO 著

楓葉社

 前言 享受有療癒植物

多肉是在嚴峻環境下成長、演化而成的植物，其充滿強韌生命力的模樣，總不禁讓人著迷。

大約在2003年前後，許多園藝家開始引進多肉，使得這種植物逐漸廣為人知。在當時，多肉主要還是被當成一種

室外植物，是園藝栽培的一環。

直至後來，多肉才漸漸被視為居家擺飾，開始在雜貨店等處販售。由於相對容易照顧又能輕鬆繁殖，觀賞時還能療癒心靈，讓擁有多重魅力的多肉植物因此而受到喜愛，在園藝領域自成一格。

的生活

　　然而，多肉植物卻絕對不是一種能當成「家飾」培養的植物，如果沒有具備正確的知識，就隨意擺在室內的話，很可能會導致植物枯死。即便是放置在室外，也需要配合品種與植株特性，在適當的環境下栽培，這才是長久享受多肉植物的訣竅。

　　從無機的居家擺設到富有生命力的活物——希望大家能培育出對植物的愛意，將充滿魅力的多肉植物帶入日常生活中，實現滋潤的綠植生活。

CONTENTS

PART ③

順利培育的技巧 ·············· 42

PART ④

繽紛多彩的混植提案 ············ 56

PART 5

PART **1**

有多肉植物的生活

把多肉植物
融入到生活風格中

　　賞心悅目、療癒人心又充滿個性的葉片是多肉植物的最大特色。各位可以依喜好來選擇，在適合的庭園或陽台下好好培育多肉！

　　看著裝在可愛容器中的多肉植物，總讓人忍不住想把它擺在室內，但這其實是大忌。除了少數特例外，請貫徹多肉植物應該「養在屋外」的基本原則。接下來就讓我們試試看如何運用多肉植物，在生活周遭塑造出精緻的氛圍吧。

多肉植物的擺設法
可帶來煥然一新的感受

什麼樣的品種擺在哪裡,這會影響到房屋的氛圍,如何做出適得其所的選擇是重點。一般來說,日照充足且通風良好的地點是種植多肉植物的最佳位置;

然而,有些種類並不耐陽光直射,有些種類也非常不耐寒冷或酷暑。

對於初學者,我建議可以從種類繁多的多肉植物中,選出自己喜歡的品種來

當試。雖然多肉沒有必要每天澆水,但小心關照還是很重要的。當您愈來愈得心應手後,多肉的數量也會隨之增加,還能知道自家的哪些地方最適合繁育。

累積一些經驗後,就可以開始挑選材質與具設計感的器皿,或運用多棵多肉加以變化,讓盆景更豐富。從下一頁開始,我將介紹多肉植物的具體陳設方式。

Welcome

　　大門與玄關可說是迎接客人的第一場景。在這裡可運用上板植栽來代替門牌，讓充滿存在感的大型多肉植物代為歡迎客人的到來。對多肉植物來說，屋外也是很好的環境，更是容易上手的架設地點。就算是梅雨季、任雨水澆淋也沒關係；只要不是零度以下的環境，多肉植物都能蓬勃生長。

好有質感的庭園！

　　陽光充足、通風良好的庭園是培育植物的絕佳位置。能在地上種樹的地方，對多肉植物來說也是很好的種植地點。然而，有些庭院並沒有足夠的空間，或因為陰影的緣故而有日照不足的地方，這時還請運用盆栽來栽種。

　　園藝有許多種風格，建議各位可以嘗試採納多肉植物來增添時髦感，挑戰能令觀賞者發出驚嘆的庭園造景。

盆景主角是多肉？

　　雖然眼睛享受的是多肉植物，但我們也應該多留意栽種的器皿。假若器皿的質感能與多肉植物契合，也許還能帶來嶄新的發現。

　　種在沒有開洞的玻璃器皿中儘管有難度，但方法本身並沒有對錯之分。思考多肉植物生長所需要的條件，適時地加以調整，不僅是個挑戰，也是一種樂趣。

假如還是想
擺在室內的話⋯⋯

植物為了生長會行光合作用,若把多肉植物移入室內,就等於是剝奪了它生存的手段,所以這麼做有其風險。

我們也許可以只在客人造訪家裡時,暫時把多肉植物移入室內。總之,重點就是要盡可能減少植栽待在室內的時間。另外,把會在陰涼處生長的多肉植物置於室內也很重要。例如:十二卷屬就是喜陰植物,擺在浴室、能照到陽光的地方會更好。

充分施展陽台空間
來培育多肉

可以將陽台整理成最適合多肉生長的環境，這裡是非常寶貴的場所。陽台不僅日照充足、通風良好，若是有遮雨篷，還能進一步為多肉遮風擋雨。建議各位可以好好地運用陽台，作為觀賞多肉植物的好地方。把空間的某個角落打造成多肉植物區，並在該處進行培育是基本技巧。除此之外，玩賞方式也很自由豐富，例如：可以用花槽混植出生氣盎然的盆景，或用橘色盆栽與器皿來增添可愛感等。不過，養在陽台也有需要留意的地方，栽種前應詳加確認。

如何活用陽台

　　由於陰影的關係，高樓層陽台的日照有時會比庭園好。在多肉植物的培育上，有陽台的家可說是具備了絕佳的條件。然而，有屋簷的陽台雖然比較不會淋到雨，但也比較不容易照到陽光。

　　此外，若陽台上有架設空調室外機，

那也需多加留意，因為室外機吹出的潮濕暖風會使多肉植物變得脆弱。尤其是圍成箱型的陽台，這會讓整個陽台變成一個大蒸籠。這時就必須把植物擺在高於陽台的位置。不只是氣溫，我們也應該留意通風和濕度所造成的影響。

多肉植物的基礎入門

愈瞭解愈令人著迷的
多肉植物祕密

多肉植物是指莖幹或葉片偏厚，能蓄含大量水分的植物。大多生長在乾燥或鹽分較多的土地上，特徵是表皮上名為角質層的堅硬薄膜非常發達。雖然多肉植物中有仙人掌科、鹽角草屬、龍舌蘭屬、景天科、蘆薈屬等品種，但只要確實掌握基本的培育方法，任何品種的多肉植物都能應付自如。

認識多肉植物
讓栽培更容易上手

多肉植物原產於沙漠等高溫、乾燥地帶，是嚴酷環境下的堅韌植物。為了在這樣的環境下蓄含水分，演化出肥厚葉片、粗大莖幹的獨特外觀。不過，這種生存在高溫地區的植物也十分耐寒，容易栽種成了它的一大魅力。

多肉植物的品種豐富，數量多達上千種。過去曾把它們分為夏生型、冬生型與春秋生型。在春天到秋天生長、冬天休眠的是夏生型；秋天到春天生長、夏天休眠的是冬生型；春秋兩季生長、盛夏與嚴冬呈半休眠的則是春秋生型。

然而，以氣溫、濕度會隨四季變化的日本為例，不要說北海道與沖繩，就算

是東京與長野，單用同一季節來概括生
長期實在有些牽強。因此，人們現在改
以能刺激多肉植物生長的溫度（10〜30
度）作為栽培的參考。

　此外，光合作用亦是植物生長的關
鍵。只要瞭解多肉植物特有的光合作用
機制，就能以更的低風險來進行培育。

　不同品種所需的照光量、氣溫與水量
各不相同。就算是同一品種，不同的生
長條件所長出的葉片、顏色與生長狀況
也有所不同。栽種時頻繁地確認葉片、
莖幹與土壤狀態是十分重要的。多肉的
栽培方式雖然簡單，但卻會隨著環境的
變化向我們展現千變萬化的風貌。

秘訣
04

充足的光合作用
幫助植株茁壯生長

為了生長，植物會利用光合作用來產生醣類，再將其轉換成能量。不過多肉植物所進行的光合作用與其它植物有些許差異。養出健康多肉的秘訣就是在於理解其光合作用。

光合作用是指植物利用光的能量，把空氣中的二氧化碳和水，透過葉綠素轉換成醣類的反應。換句話說就是，要讓植物生長就必須給予足量的光、水與二氧化碳。這也是長期把多肉植物擺在室內會出現問題的原因。我們一定要理解：多肉植物絕對不是能當成家飾。

然而，雖然養在室外是大前提，但依種類與植株特性，給予的照光量與水量也不盡相同，應適時觀察葉片樣貌、土壤狀態予以調整。

① 徒長是光照不足的信號

　　左圖是將同一種多肉植物養在「室外」與「室內」的結果。隨著時間流逝，植物的生長會逐漸產生變化。當光照不足時，植物會如右圖般晃悠悠地伸長莖幹，這種徒長現象是植物為了尋求陽光而不斷長高的現象。與左列相比，右列植物的莖幹與葉片比較無生氣，這是光照不足信號。

② 多肉植物所需的光種與光量

　　光的性質（波長）與光量是培育多肉植物的關鍵。據說葉綠素藉由光合作用會吸收波長為藍光（400-500nm）與紅光（600-700nm）的光線，這與人們所感知的黃、綠光（500-600nm）有所不同。

　　此外，葉綠素所吸收的光子叫作「光合作用光子」，而用來表示每秒、每平方米落下幾個光合作用光子的，則稱為光通量密度（PPFD）。以多肉植物來說，要能正常進行光合作用，日照時間內的平均光強度須達300PPFD以上。而日本冬至時的中午太陽角度雖然非常低，但大晴天下的光強度也有1200PPFD左右，且日本全國的夏季光強度也高達2000PPFD以上。

光合作用的機制②

05 良好的通風環境與提升光照利用

植物能有效地進行光合作用其關鍵是通風。雖然只要放在室外，多肉都能健康成長，但本章將帶大家來看看通風的好壞與光合作用之間的關係。

許多生長在乾燥地區的多肉品種，大多不耐潮濕。多肉植物會在夜間進行蒸散作用，也就是透過葉片以水蒸氣的型態排出水分，進而增進光合作用的運行效率。換言之，將多肉擺在通風場所能促進氣孔的開闔，這點非常重要。

如果已經給予充足的陽光與水分，但仍舊養不好時，那麼可能就是通風的問題了。夜間通風不良的悶濕環境，會導致植物的根部無法順利吸收水分；就算是擺在屋外，也應考量通風不良對植物所造成的負面影響。

① 光、水與風是培育的關鍵

　　吹風能促進植物的氣孔開闔，這麼一來就能加速蒸散作用，有助於光合作用的運行。光合作用必須要有光、水與風，可以說只要掌握這三大要素就掌握了培育的關鍵。

② 專用照明也能用在室內栽種

　　如果還是想把多肉植物養在室內時，使用室內照明是個不錯的做法。上網搜尋時能找到許多照明設備，但如果只提供多肉所需的光波波長，卻無法滿足光通量密度時，那就是無效的燈具。此外，種植在室內時還要注意通風問題。

③ 創造近似於原產地的環境

　　從植物的角度出發，原產地絕對是最適宜生長的環境。例如：有些佛甲草屬的原產地是日本，但青鎖龍屬則大多原自南非，因此較不耐潮濕氣候，若想要養得好就需設法保持良好的通風。

秘訣
06
適時、適量地澆水
耐心培育

多肉雖無法在室內生長得很好，但經過整頓環境後還是可以勉強在室內生存。本章將依據品種與植株特性，看看它們在光、水與透氣性上有什麼特殊需求。

室　外　　置於屋外，讓植物直接接觸光照與風吹。

置於室外時，由於能直接感受晝夜的冷暖變化與日照強弱，在配合生長節奏的情況下可以長得十分健壯。但需擺在像是屋簷下等能防止陽光直射、暴風或雨水的場所。此外，擺在室外較易遭遇病蟲害，需勤加觀察植物的狀態。

在氣溫會降到零度以下的寒冷地區，就需要替多肉植物進行避寒。這時的重點不是將多肉移入溫暖的室內，而是盡量擺在10度以下的地方。因為一旦室溫超過10度，光合作用就會變得活躍，導致植物開始需要水與陽光。所以，室內環境反而會讓多肉植物變得脆弱。

室　內　　置於室內時需多多考慮

1

從葉子上方
給予充足的水分

過去人們採取的澆水方式是避開葉子，直接澆在土壤上。然而，若思考自然界中的多肉是如何攝取水分時，就會發現這個方法並沒有比較好。栽種在室外時，應從葉片上方充分澆淋，這才是多肉喜歡的澆法。

2

水分不足會讓植物
變得脆弱

每天確認植物的狀態很重要。我希望各位能改掉在月曆上寫下澆水日的習慣；換言之，就是不要只在固定的日子才去查看。圖片左邊是有適當澆水的正常狀態，右邊則明顯是水分不足的狀態。我們必須在植物變成這副模樣前充分給水。

3

以手指觸摸來確認
葉片狀態

水分充足的葉子很有彈性，反之則會呈現萎靡的模樣。各位可用手指來觸碰加以確認。此外，相比於葉片有厚度的品種，葉子小的多肉植物水分乾得比較快，更能透過觸摸來確認萎靡的程度。

四季養護

秘訣
07 配合季節變化
進行植株養護

為了讓多肉植物常保健康，必須配
合季節給予適當的養護。在氣候穩定
的春秋時節，應促進植物的繁育；在
冷熱極端的夏冬兩季，則應協助多肉
順利度過嚴峻時期。讓我們一起好好
享受栽培的樂趣吧。

PART 2

多肉植物的基礎入門

❶

天氣變熱前
應充分澆水準備度夏

　　進入5月後，太陽光會急遽增強。這時期會有段「熱適應」的調節反應，好讓身體能習慣高溫，以免發生中暑等症狀。多肉植物也一樣，突然變熱的天氣會讓植物措手不及，若水分不足還會引發葉片灼傷的嚴重傷害。雖然1～2月還不需要澆很多水，但當氣溫超過10度時，就要留意給水。

不要因為雨季
就移往室內 ✕

❷

有給予充足的日照
就無須擔心梅雨季的雨水

　　梅雨季的日照時間必定會減少，須盡可能將植物放在能曬到太陽的地方。若因害怕雨量而擺到屋簷下那也非明智之舉，因為這樣就無法曬到陽光了。無須在意雨水，只須調整澆水量就好。考量到光合作用，更好的做法應該是：就算會淋到雨白天也要盡可能地曬到太陽，晚上則移往屋簷下。

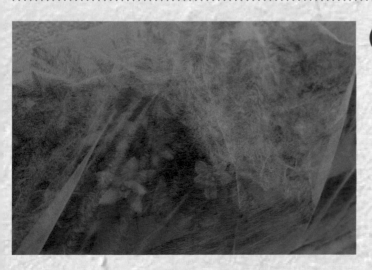

❸

氣溫下降時應進行適當
養護來保護多肉

　　寒冷地帶的氣溫會降至0度以下，對多肉植物而言是須要注意的溫度。這時需要一些防護措施來保護植物。就算沒那麼冷，也可以用透光的防寒紗網來禦寒；在夜間覆蓋塑膠布也是不錯的做法。雖然可以把植物移往室內，但這終究是權宜之計，實在不建議把植物移到室溫超過10度的地方。

秘訣
08

從少量品種開始
逐步掌握混植步驟

為了讓多肉植物常保健康，我們必須配合季節給予適當的養護。在氣候穩定的春秋時節應促進植物的繁育；在冷熱極端的夏冬兩季則應協助多肉順利度過嚴峻的時期，讓我們一起好好享受栽培的樂趣吧。

苗　　苗　　苗　　　苗

土

盆栽（容器）　　　鑷子　　填土器具

第一次挑戰混植時，建議應減少株數，並選擇小棵的株苗。

按喜好選擇株苗的型態、顏色與質感，就能完成喜歡的作品。預先安排好種入的位置，並備好主要、次要株苗，便能營造出平衡、協調的盆景。

需要的工具有株苗、盆栽（容器）、盆底網、土壤、填土器具與鑷子等，建議購買園藝用的產品會更容易操作。

混植作業還有一個重點：在移植前後要保持乾燥，不要澆水。應花3天～1週的時間，待株苗適應新盆栽後再澆水。

① 準備容器與網子

準備容器與網子。選擇盆底有開洞的容器不僅養護方便，之後照顧起來也比較省事。

② 在容器底部放置網子

於孔洞上方擺上網子，防止砂土流失。一般會使用市售的園藝用盆底網，也可以用剪下的紗窗（如圖），其細小的孔洞與柔軟質地非常合適。

③ 填入土壤

訣竅是不要把土填得太滿。以填土器具小心裝填，並預留約4cm左右的空間，方便之後的混植作業。

CLOSE UP

土壤的選擇

若購買商場上混好的土壤，就無須煩惱該如何調配了。混植範例中用到的景天科多肉植物其根部較細，顆粒細小的土壤會更合適。此外，可用裝飾砂來美化表土。

裝飾砂（左圖）、已混好的土壤（右圖）

④ 整理成花束狀

要將拆分成小株的多肉一起種入時，預先整理成花束狀會更好處理。

⑤ 放入容器中

把花束狀的多肉們直接放入容器中。成束的多肉感覺很自然，能展現沒有違和感的造型。

⑥ 空隙添入土壤

固定在想安排的位置上並添入土壤。輕輕拿著株苗，邊確認空隙邊慢慢添加土壤。

⑦ 調整土壤狀態

把新添的土壤與一開始的土壤均勻混合，用棒子調整側面與表面的土壤。

⑧ 放入主要多肉

在花束狀的小型多肉旁放入主角。先擺小株再放大株，如此便能醞釀出自然生長的氛圍。

⑨ 置於容器中央

以從上覆蓋的方式將主要的多肉安排在容器中央。適當添入土壤，但考慮到接下來還要種入其他株苗，所以不要添得太滿。

⑩ 邊推邊把土壤壓實

若發現有空隙就用棒子邊推邊把土壤壓實，並確認是否將所有多肉都確實埋入土中。

① 種入小型多肉

在間隙放入小型的多肉株苗。這是一項精細的作業，建議使用鑷子小心栽種。

⑫ 利用鑷子來搬運

放入小型株苗時，請使用鑷子穩穩地將其移入容器中。

⑬ 空隙植入株苗

觀察整個容器，在空位增添株苗。留意整體的顏色與形狀，種出平衡感。

⑭ 在表面添上裝飾砂

種入所有的株苗後，在表面添入裝飾砂。雖然沒有裝飾砂，植物也能健康成長，但它的好處是可以美化表土，幫助我們完成精緻的作品。

⑮ 確認整體配置

混植完後觀察整個盆栽並確認株苗的穩定度。悉心呵護，以便能長久欣賞隨四季更迭的盆景。

秘訣 09 依據植物形象 挑選恰如其分的器皿

在替喜愛的多肉植物換盆時，可以試著想像種在什麼樣的容器裡會更動人。就算是同一種植物，光換個容器就會給人截然不同的印象。

從園藝用盆栽、玻璃盒到空罐等，能用來栽種的容器五花八門。雖然哪一種都行，但還是得考量一下其他條件，例如：透氣性或是否有足夠的生長空間等。

基本上最適合的容器是素燒盆，不僅保水、排水性極佳，還能適度地製造空間，讓根部能接觸到空氣。選擇時，建議可從各種角度思考，例如：底部是否有孔、輕重與強度，或是形狀、顏色等的設計類屬性。

...

能清楚看到內部的玻璃容器

　　玻璃材質能看到容器的內部,直接欣賞多肉植物的生長。雖然這種材質的容器大都沒有底孔,但透明的外觀能看到水分狀態,馬上補給。

透氣性佳的園藝用素燒容器

　　雖然素燒盆的顏色與設計變化不多,但其優異的透氣性,使它經常用於園藝中。就多肉植物所需的生長環境來說,素燒盆是最適合的材質。

自製砂漿容器

　　自製容器時,砂漿是很適合的材料。各位可以自由塑形,在種入多肉後就是件獨樹一幟的作品。

質感風雅的陶器容器

　　高溫燒製的陶器能營造時髦又率性的風格,也有販售底部有開洞的陶盆。

質感平滑的瓷器容器

　　以石頭為材料的瓷器,質感平滑,輕且堅固。充足的大容量能讓混植更富變化。

CLOSE UP

基本容器

　　素燒盆、陶器與塑膠製容器通常都有開洞。若底部沒有孔洞時,不但須要考慮澆水頻率,還要選用粗顆粒的土壤,以便創造出根部與空氣接觸的空間。

PART **3**

順利培育的技巧

如何健康地栽培與繁殖
多肉植物

　　當多肉植物順利成長、茁壯後，就能來挑戰繁殖植株了。繁殖的方式有將植株分離的分株法、用單片葉子孵出新芽的葉插法，以及剪下莖幹後插入土中的扦插法。在學會繁殖技術後，栽培的樂趣也會更加豐富多元。本章還會介紹防蟲措施與選土訣竅，一起來瞭解該如何替多肉創造更好的生長環境吧。

日照不足時，枝枒與莖幹會顯得生長遲緩；營養不良時則會出現徒長現象（圖右）。購買時應選擇雖然不高，但有充分照光的緊湊株苗（圖左）。（品種：玉雪）

秘訣 10 繁育的秘訣在於健康的株苗

在商場或園藝店購買多肉植物時，需確認株苗的狀態，尤其是那些進貨已有一段時間的株苗。想要分辨出健康的株苗，就得觀察新芽、葉片、枝枒與莖幹的模樣。多而飽滿的新芽是根部充滿活力的象徵；反之，若新芽寥寥無幾且毫無生氣，則代表根部可能已經腐爛。另外，是否有茂盛的葉片及粗壯的莖幹也

是確認的重點。

　　各位應選擇葉片間隔緊湊的植株，而非莖幹、枝枒看起來像是生長遲緩、纖細脆弱的個體。

　　除此之外，葉片是否為漂亮的原始色澤，及靠近根部的下葉是否健康也很重要，因為下葉的狀態能代表根部的發育情況。還有，也要觀察葉片是否有變色，是否有受到病蟲害的侵襲。

　　若缽苗的邊緣或下方有根竄出，則代表缽苗內的根部已經長滿，可能會有因根系阻塞而無法好好吸收水分的狀況。不只是上方，缽苗或花盆的底部與側面也要仔細查看。

分株法

藉由分株
增加盆栽數量

將株苗從花盆中取出後，
溫柔地拆分根部就能繁殖出
更多的多肉植物。

當多肉長滿盆栽時，可利用分株法繁殖出更多的植株。由於分株是種帶根系的繁殖法，就算是移入新盆也能順利成長，初學者可以放心嘗試。

此外，分株法不僅能享受繁育的樂趣，還能替植物創造更好的生長環境。

在分株的過程中，會替植株整理根系、去除病蟲害並移植到更寬廣的空間，讓植物能健康地生長。

分株作業一般會建議在多肉生長最旺盛的10～30度（氣溫）時進行，以免對根部造成負擔。

分株的步驟

準備要分株的植物,並確認盆栽的土壤已乾。

用鑷子撬起土壤後,溫柔地將植株取出。

以雙手握住根部。

邊用指尖撥鬆土壤,邊確認根系狀態並找出植株間的斷點。

仔細地分離植株,以免傷到根部。

將附著在植株上的土壤撥除。

在盆底鋪上孔洞細緻的篩網。

用手指輕壓土壤，將植株固定於土壤中。

確認植株與花盆的尺寸是否合適。

其他分離後的植株也以相同的步驟種入其他花盆中。

添入盆底石後，再放入植株與土壤。

新土讓根部有更充裕的生長空間，生長環境變好了。

防蟲

杜絕妨礙多肉植物生長的蟲害

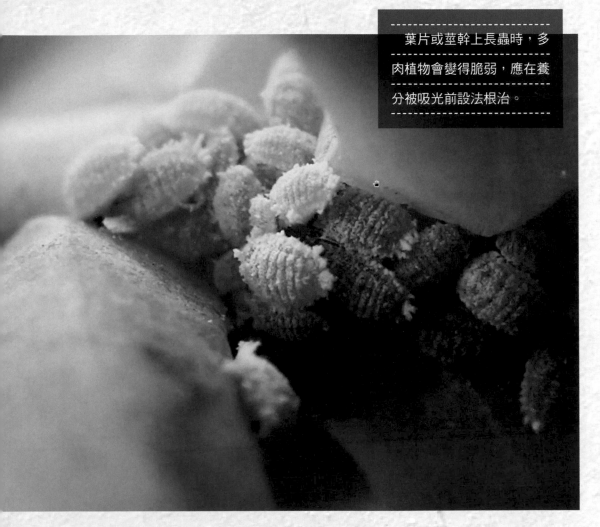

葉片或莖幹上長蟲時，多肉植物會變得脆弱，應在養分被吸光前設法根治。

　　培育多肉植物時，有時會遇到病蟲害。一旦葉片邊緣被啃出缺角，或莖幹、根部有害蟲附著等，都會妨礙到植物的生長。

　　這時可使用溫和的藥劑作為防蟲措施，或遭遇蟲害後的養護。撒在土上的錠型藥劑則是讓植物從根部吸收成分後，於葉片背面或整棵植株上發揮防蟲、殺蟲的效果。

　　如果各位本來就有在澆水，從葉片上方充分澆淋的話，就能沖走小蟲們。此外，蟲害一般好發於逐漸回暖的時節，平時須悉心照料，多多觀察葉片與莖幹的狀態。

葉插法

活用葉插法
以葉片繁殖新植株

葉插法繁殖很符合多肉植物給人充滿生命力的形象。流程只有將葉片放在土壤上就OK了，就算是初學者也能輕鬆挑戰。

葉子飽含水分的多肉植物具有頑強的生命力，一片葉子也能繁殖出新生命。用葉片作葉插繁殖時，應摘取靠近根部的葉片。健康的葉片更容易生根發芽。摘下葉片後，在寬口的容器內鋪上土壤，再擺上葉片。

葉片生根發芽的速度依品種與環境而異，但最快約1～2個月就會發根冒芽，長成一棵植株了。隨著新生植株的成長，原先放在土壤上的葉片會逐漸枯萎。

適合葉插法的品種有白牡丹、虹之玉和姬朧月。應避開盛夏或寒冷季節，在容易發芽的溫暖季節施行，成功率比較高。

① 摘下葉片

用手指捏好葉片後，從莖幹上摘下。植株整體偏乾會較容易摘取。

② 排列

將葉片正面朝上排列在乾燥的新土上，擺在屋簷的半日照處或室內的明亮處。這時還不要澆水。

③ 埋入土中

待數日發根後，輕輕地把根部埋入土中並開始給水。當新芽冒出並長到一定程度後，就可以種入盆中了。

CLOSE UP

摘下葉片時
要小心葉子的根部

摘取葉子時，要注意葉子的根部，因為葉片與莖幹相連的地方是芽點（發芽處），不要弄傷該處。選擇生氣蓬勃而非脆弱的葉子也是訣竅，可以說葉插法要成功，就取決於「選葉」。

扦插法

運用扦插法
拆分莖幹增加植株

扦插法是從母株剪下莖幹
來繁殖的，施行重點是發根
前絕對不能澆水。

　　將剪下來的莖幹插入土壤
後，便會發根長成一棵新植
株，這種繁殖方式就叫扦插。
進行扦插作業時，要先考慮所
要移植的新容器大小，以便決
定要剪下多長的莖幹。花數天
時間，待剪下的莖幹切口完全
乾燥後，就可以把莖幹插入乾
燥的土壤裡了。這時若土壤內
含有多餘的水分，將會妨礙根
部的生長。

　　把莖幹插入土裡後，先不要
澆水，等到發根後再給水。此
外，適合扦插的時期是多肉生
長旺盛的10～30度，請在這
段溫度區間內實施作業。

扦插的步驟

考量新容器的尺寸後，確認剪下的部分。

單手輕輕握住要剪下的枝條，用剪刀剪下。

在盆底鋪上網子後，倒入乾燥的土壤。這步驟的訣竅是盡可能使用新土。

用鑷子夾持枝條。

確認切口已乾後，小心地種入土中，以免傷到葉片與莖幹。

完成扦插後，直到枝條冒出新芽前都不要澆水。

秘訣
15

依據品種與特性選擇合適的培育土壤

選土對多肉植物的生長是很重要的步驟。以下就來確認各種土壤的透氣性、排水與保水性，以及營養成分。

鹿沼土　赤玉土　腐殖土

泥炭土　炭化稻殼　輕石　珍珠石

混合土

　多肉是從根部吸收養分成長的，因此選擇適合的土壤非常重要。為了使根部能健壯成長，最好選用排水性、透氣性佳且養分充足的土壤。

　配合植物種類預先調配好各種成分的土壤最為方便。如果是葉片小的品種，一般用土也能養得很好，但若是較大型的植株或有特殊狀況時，也可以混入其他土壤來使用。例如，可用鹿沼土2、赤玉土2、腐殖土3、泥炭土1、炭化稻殼1、輕石0.5、珍珠石0.5的比例，來調配混合土。

　在高溫多濕的季節裡，可在土讓中添加赤玉土或鹿沼土來提升透氣性；進入生長期時，則多加點腐殖土，替植株補充養分。

鹿沼土

　　顏色為黃、白等淡色，是酸性輕石顆粒化後的土壤，具有優異的排水性與透氣性。雖然具有保水性，但卻幾乎不含養分，主要是用來混合有養分的土壤，加強排水與保水性。

炭化稻殼

　　炭化稻殼後的鹼性介質。與土壤混合後，能提升排水性與透氣性，還可以促進微生物的生成與維持。內含礦物質能提升植物對疾病的抵抗力。

赤玉土

　　成分是長年堆積於地底的火山灰，無微生物且細菌極少，因此不含養分。是乾燥後再顆粒化的赤土，除了保水性、保肥性非常優異外，也具有排水性與透氣性。

輕石

　　是流紋岩或安山岩類的岩漿凝固後所形成的，有白、灰、黃、黑與無色等。本身有許多小孔洞，具有十分優異的透氣性、排水性與保水性，能作為盆底石或用來改善土壤。

腐殖土

　　由微生物分解枯葉後所形成的堆肥，常作為輔助介質使用。不僅能增加土壤的柔軟度，還能提升透氣性、保水性與保肥性。更重要的是它能增添養分，優化土壤狀態。

珍珠石

　　高溫加熱矽酸鋁火山岩後，再以高壓燒製的土壤改良介質，是種無機物改良介質（調整介質）。具多孔結構，保溫性、隔熱性與高透氣性。因高溫處理，本身為無菌狀態。重量輕到能漂在水上。

泥炭土

　　以苔癬類等植物作為原料，腐殖化後乾燥、粉碎而成的土壤改良介質，是種有機介質。具有良好的保水性，及很強的酸性。由於重量很輕，非常適合用於壁掛或吊籃式盆栽。

CLOSE UP

土壤調配需具備專業知識

　　也可以使用市售土壤來種植多肉植物。不同的品種與培環境需要微妙的土壤調配，像是根部較細的植物就需要選擇顆粒細緻的土壤。

PART 4

繽紛多彩的混植提案

透過變化混植風格
發掘設計多肉盆景的樂趣

　　在瞭解了多肉植物的特性、栽培方式和基本
的混植技巧後，就可以盡情享受自由變化的樂
趣了。在本章可以學到如何彰顯各類多肉植物
在葉色、葉形和莖幹長度上的魅力。在盆景變
化方面，會以色調、高低、四邊都是正面、單
邊正面、長度、層次等為主題加以介紹。只要
預先設計好想呈現的風格，就能打造出有著豐
富變化的混植盆栽。

秘訣
16

活用多肉個性
決定風格後就來設計吧

　　PART4將按主題來介紹各種混植變化。每件作品都會依據主體來安排改造的重點，在執行前請先加以確認。變化的步驟基本上會按照PART2介紹過的混植步驟來進行，但如果是較大規模的

改造，過程中，有時也會利用如右頁所展示的U型鐵絲作為支撐、固定。為了讓每棵植株都能在預設的位置上站穩，在看不見的地方我也下了些功夫。

CLOSE UP

混植時，固定多肉植物的方法

以手指凹折鐵絲，製造出一個U字型。

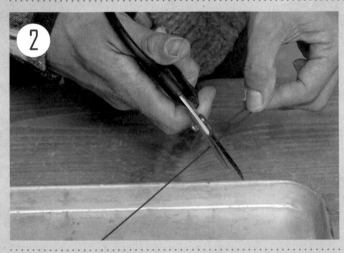

用剪刀把凹成U字型的鐵絲剪成想要的長度。

從莖幹的根部附近插入U型鐵絲加以固定。

秘訣 17

以小巧容器種出
豐富的多層次色彩

在小小的容器裡種入大量五顏六色的小型多肉，打造出熱鬧、繽紛的盆景。

挑選三色葉、丸葉秋麗、紅葉祭與姬朧月等帶紅色調的多肉植物，巧妙搭配後，就是一盆繽紛多彩的盆景。

PLANTS LIST

1 若綠
2 三色葉
3 普諾莎
4 反曲景天
5 迷你蓮
6 Green Pet

7 新玉綴
8 大唐米
9 丸葉秋麗
10 紅葉祭
11 姬朧月
12 法雷

以小小森林的形象
種出蓊鬱的風貌

1 植物的密度高時，盆栽較容易發生悶蒸的狀況，因此需採用透氣性佳的土壤。容器則採用底部有開孔的，以防根部腐爛。

2 刻意挑選尺寸較小的多肉植物，種出茂密感。把高矮各異的植物分別安排在高處與低處，讓每棵植物都能被看見。

3 在綠色植物中，穿插紅葉祭、姬朧月與三色葉等紅色系植物，以明亮的顏色進行重點點綴。種植時要考量到色彩平衡。

CLOSE UP

特選植物

⑩ 紅葉祭

生長期：春秋生型
科　名：景天科
屬　名：青鎖龍屬
特　徵：是相對耐寒、耐熱的好養品種，暴露於一定程度的寒冷中能產生漂亮的紅葉。

⑪ 姬朧月

生長期：春秋生型
科　名：景天科
屬　名：風車草屬
特　徵：產自墨西哥的耐寒品種，能擺在室外過冬。給予充足日照就會產生紅葉現象，可透過葉插法繁殖。

秘訣

18

運用紅白粉三色
營造節慶氣氛

運用紅、白、粉三色帶出節慶的氛圍。可嘗試讓翡翠珠垂於盆前，以增加盆景的整體份量。

銀月的葉子表面有白粉，植株整年都呈白色；這個品種非常難養，有可能在某天就突然枯死了。且特別不耐悶熱，栽種時要特別注意透氣度。

PLANTS LIST

1	紫嘯鶇	7	Ruby Necklace
2	銀月	8	三色葉
3	紅葉祭	9	虹之玉錦
4	紫牡丹	10	若綠
5	翡翠珠	11	花蔓草錦
6	圓葉覆輪萬年草	12	森村萬年草錦
7	虹之玉	14	森村萬年草

從垂落型的多肉種起

1 先種翡翠珠、Ruby Necklace 等會垂於盆前的多肉,至於要垂出多長,就邊確認整體的平衡關係,邊調整。

2 均勻種入紅葉祭、銀月、紫牡丹,接著在作為大型點綴的紫嘯鶇的葉間,安插一點綠意來調和整體色調。

3 Ruby Necklace 一年會開一次黃花,能替盆景增添色彩。隨著各種葉片的生長,盆景的樣貌會變得千變萬化很有玩賞價值。

CLOSE UP

特選植物

① 紫嘯鶇

生長期:春秋生型
科 名:景天科
屬 名:青鎖龍屬
特 徵:是一種長得很大、呈紫色的品種。

② 銀月

生長期:夏生型
科 名:菊科
屬 名:黃菀屬
特 徵:葉片表面覆有白粉,葉形呈弦月狀。

19

利用高低差變化的盆景

集結高低變化
帶出立體感

在混植時帶入高低差，享受構建立體感的趣味。先決定主要植株後，就能完成一件富有景深的作品！

照片中的秋麗是紅色，但到了夏天就會變成鮮豔的黃綠色。隨著季節更迭，能欣賞到主要植株變色時的不同風情。

PLANTS LIST

1 紫羊絨
2 秋麗
3 白牡丹
4 波尼亞
5 紅葉祭

6 變色龍
7 虹之玉
8 反曲景天
9 覆輪萬年草
10 若綠

將高的植株安排在
中央靠左處

1 想營造出有高低變化的混植時，要先決定帶出高度的植株。本次安排的是色調充滿特色的紫羊絨。

2 接著於次高處種入秋麗，製造出不同高低的葉片間隙；其餘植物則安排在低處。富立體感的整體設計就完成了。

3 把葉片大的植株安排在中心，旁邊種入小巧葉片的品種來襯托。秋麗到夏天會轉變成鮮豔的黃綠色，能隨季節變化觀賞到植物的另一種風貌。

CLOSE UP

特選植物

① 紫羊絨

生長期：冬生型
科　名：景天科
屬　名：蓮花掌屬
特　徵：雖然是冬生型的品種，但無法忍受降霜時的低溫。當氣溫過低時，應移往室內。

② 秋麗

生長期：夏生型
科　名：景天科
屬　名：風車草屬
特　徵：特色是帶有粉色調的葉片，會開黃花，根部與葉間容易群生出子株。

秘訣 20 打造任何角度都美觀的盆景

B　　　　　　A

沒有特別凸顯的地方，而是均勻地種入每棵植株，塑造出無論從哪個方向看，都具有完美平衡的盆景。

無拘無束地種植每株植物，是種充滿自然風情的混植方式。葉片從低處探頭的模樣，好似植物從水泥花盆中自然長出的野趣。

A

B

PLANTS LIST

A
1. 黛比
2. 姬朧月
3. 覆輪萬年草
4. 若綠
5. 虹之玉
6. 反曲景天
7. 乙女心

B
1. 虹之玉
2. 紅葉祭
3. 迷你蓮
4. 姬朧月
5. 普諾莎
6. Green Pet

無論哪邊
都是盆景的正面

1 在四邊皆為正面的混植中，應統一所有植物的高度，平均配置，不能有特別顯眼的。

2 讓小葉從大葉的縫隙中冒出，並考量到色彩平衡，在紅色植株旁搭配綠色系植株。

3 調整葉片方向，使植株無論從哪邊看都像是正面。從上方俯視時，則可看出葉子是往四面八方開展的。

CLOSE UP

特選植物

A⑦ 乙女心

生長期：夏生型
科　名：景天科
屬　名：佛甲草屬
特　徵：紅葉期會染上粉色的可愛品種。

A⑤·B① 虹之玉

生長期：夏生型
科　名：景天科
屬　名：佛甲草屬
特　徵：少量給水並擺在日照良好的地方栽培，冬天就會轉成紅色。

秘訣 21 選定主要植株 決定盆栽的正面

決定作為主角的植株，打造
單一正面的盆景。建議應挑選
外型具有特色的植珠。

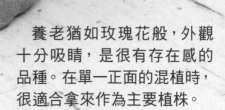

養老猶如玫瑰花般，外觀
十分吸睛，是很有存在感的
品種。在單一正面的混植時，
很適合拿來作為主要植株。

PLANTS LIST

1 養老
2 紅葉祭
3 姬星美人
4 月美人
5 小黏黏
6 白牡丹
7 姬朧月
8 Ruby Necklace
9 若綠

統合其他植株
以凸顯主要植株

1 把作為主角的養老與月美人安排在正面最顯眼的位置，並在周圍添入葉片小巧的品種做為陪襯。

2 栽種時應營造出從正面看時，植株高度由後往前遞減的感覺。調整小葉片植株的分布，讓整體看起來沒有空隙。

3 利用葉片的肥厚、細小對比，變化出令人印象深刻的盆景。此外，還在正面的低點添加帶紅色調的紅葉祭加以點綴。

CLOSE UP

特選植物

① 養老

生 長 期：春秋生型
科 　 名：景天科
屬 　 名：擬石蓮花屬
特 　 徵：長有許多葉片，外型猶如開展的花瓣。

④ 月美人

生 長 期：夏生型
科 　 名：景天科
屬 　 名：厚葉草屬
特 　 徵：淡灰色葉片為其特徵，和星美人長得很像。

秘訣 22 讓植株如簾幕 從高處垂落

把枝條向下蔓延的品種安排在高於視線的位置，就能擁有一片綠色窗簾。

菊科的翡翠珠很喜歡水，斷水會導致植株枯萎，也不耐悶熱，在戶外很難長得好。

PLANTS LIST

翡翠珠

　　性喜陽光和水。栽培時若能避免斷水與營養不良，
就能讓植株開出白色的小花。

翡翠珠須種在
具保水性的土壤中

1　　菊科的翡翠珠是很需要水分的品種，最好
種在具保水性的土壤中。欲設置在高處時，
應選擇穩定性佳、材質輕的容器或花盆。

2　　由於翡翠珠會長出很多根，移植時應種在
容器或花盆的後側，而不是垂在邊緣，盡量
讓植物接觸到土壤。

3　　覆蓋土壤後，植物就會自然發根。避開陽
光直射的地方。翡翠珠也不耐悶蒸，需留意
潮濕的狀況，確保通風良好。

CLOSE UP

特選植物

① **翡翠珠**

生長期：夏生型

科　名：菊科

屬　名：黃菀屬

特　徵：長有許多球狀葉子的討喜品種

秘訣 23 將濃淡錯落的綠色融合在一件作品中

活用各具特色的葉片，配置出平衡的漸層變化。

這種混植方式能欣賞到顏色漸變的美感。運用數種多肉所交織出的顏色與形貌，讓視點更富變化。由於植株的形狀已經非常多樣了，容器就選擇簡約的款式。

PLANTS LIST

1 覆輪萬年草　　4 若綠
2 黃金細葉萬年草　5 龍血
3 三色葉

從近處依序
施行混植

1 從正面開始依序配置。近處種入垂出的黃
金細葉萬年草,接著依序往後方栽種。可將
同種類植株安置在不同處,增添色調變化。

2 把覆輪萬年草分散於盆景中,作為基調。
在中央偏後處種入龍血,添上一點紅色。

3 在水平開展的葉片間種入豎向生長的若
綠,增加線條的變化。把有高度的三色葉種
在後方來營造景深,這樣還能展現葉背。

CLOSE UP

特選植物

① 覆輪萬年草

生長期:夏生型
科　名:景天科
屬　名:佛甲草屬
特　徵:日本原產品種。十分耐
　　　　熱,除極寒地外可在室
　　　　外越冬。生長型態是橫
　　　　向擴展。

② 黃金細葉萬年草

生長期:春秋生型
科　名:景天科
屬　名:佛甲草屬
特　徵:擁有鮮明的黃色,常作
　　　　為植被。

PART 5
進一步融入居家

讓生活更豐富多彩的
裝飾變化

　　在享受多肉栽培之餘，應用變化技巧創作出適合四季的活動、集會、派對或贈禮等的物件。不僅具備觀賞用途，還能作為飾品或禮品，讓親朋好友也能感受到多肉植物的魅力。在掌握混植的基本技巧後，接下來就讓我們來挑戰多肉植物的進階變化，玩出更多花樣吧！

應用技巧 挑戰更高難度的 混植設計

TABLEAU 上板植栽

把盆栽變成種在木板等板狀材料的型態,作為門牌或迎賓牌使用。

YOSHIHARA
KONDO
ATELIER TOKIIRO

GLASS 玻璃盆栽

在小小的盒狀容器中,種入小巧可愛的多肉植物。從側邊就能看出土壤狀態,透明感給人一種實驗室的氛圍。

PART5將介紹如何製作更具生活風格的進階變化物件。除了目前學到的技巧外，還需要園藝與木工等DIY技能，但只要跟著基本步驟來製作，就算是初學者也能做到。製作時能將原本只出現在花盆、容器中的物件，昇華成富創造性的空間設計，讓人實際感受到多肉植物的趣味。此外，認識愈多的多肉植物，在需要特殊顏色或多元造型時，自由度、變化度就愈廣。各位可以先決定想製作的物品後，再挑選符合形象的多肉植物來呈現。

WREATH
花圈
環狀設計，可掛在門上或牆壁上當裝飾。

BOUQUET 花束
活用多肉獨特的葉形與色調，將葉片仿造成花束型態，作為精美的贈禮。

秘訣 25
製作可掛於牆上的上板植栽

上板植栽可直接擺在室外。若掛在不會淋到雨的地方，則要記得偶爾澆水。

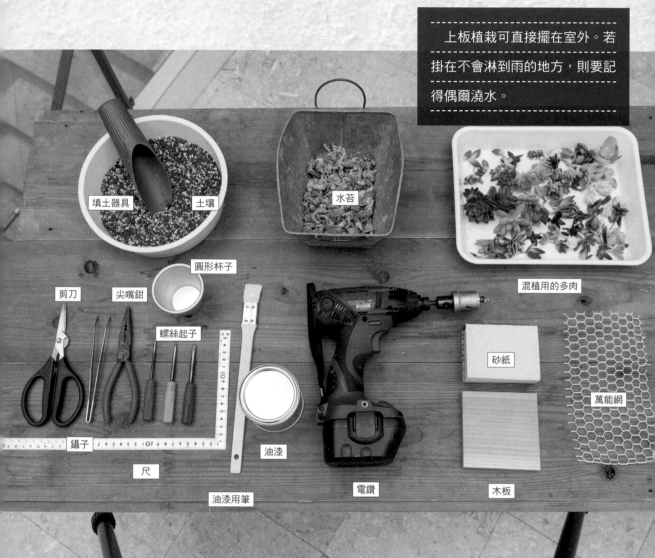

填土器具　土壤　水苔　混植用的多肉

圓形杯子

剪刀　尖嘴鉗

螺絲起子

鑷子　尺　油漆　砂紙　萬能網

油漆用筆　電鑽　木板

需要一些工具與材料，一開始可能會覺得困難，但只要掌握重點，就能製作出獨具風格的上板植栽。

【工具與材料】
尺、剪刀、鑷子、電鑽、螺絲起子、木板、萬能網、水苔、土壤、填土器具、混植用的多肉、砂紙、油漆、油漆用筆、圓形杯子、尖嘴鉗。

PLANTS LIST

1. 姬朧月
2. 紅葉祭
3. 乙女心
4. 丸葉秋麗
5. 天狗之舞

1 在板子上鑽孔後 用油漆上色

① 用電鑽鑽出種植用的孔洞。先用尺在板子上做好記號。

② 對準記號鑽孔。要注意應確實壓牢板子。

③ 用砂紙打磨開孔處、表面與銳角,進行修飾。

④ 沿著木板紋路,以白色油漆替兩面均勻上色。

2 裁切插入植物的 萬能網

① 在等待油漆乾燥期間,先來裁切網子。

 ② 剪下一小片萬能網後,配合圓形杯子的形狀裁成圓形。

CLOSE UP

沿著圓形杯子的杯口 裁切萬能網

為了讓萬能網能穿過木板上的孔洞,須將網子裁成圓形。將網子裁成小片後,抵在杯口沿著杯緣裁切,便能輕鬆裁剪出圓形。

③ 配合孔洞 把網子塑形

① 確認油漆乾了後，把萬能網壓入洞內。

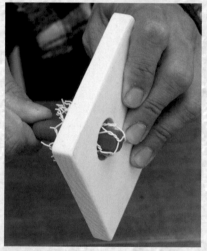

② 壓入時用螺絲起子施力會更好操作。

③ 壓到網子穿過約1cm，另一邊也留約1cm左右。裁掉多餘部分。

④ 在網中塞入水苔、土壤 製作團狀基座的內餡

① 取出萬能網以便製作團狀基座。將水苔壓入，使其貼合網子。

② 水苔鑲入網子後，添加土壤。用填土器填土、壓實，反覆這兩個動作。

③ 在網子還剩約1cm時，擺上覆蓋用的水苔。

⑤ 穿過板孔前 先替團狀基座塑形

① 用拇指壓入覆蓋用的水苔，並從側邊收束，把團狀基座捏成孔洞的形狀。

② 從網子上方約1cm處用尖嘴鉗向內彎折。

③ 完成後，塞入板孔內。

⑥ 確實壓緊 以免團子脫落

① 用雙手拇指確實將團狀基座壓入。

② 從板子正面施壓，直到團子的背面變平為止。

③ 晃動板子，若團子沒有掉下來就完成了。

CLOSE UP

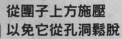

從團子上方施壓 以免它從孔洞鬆脫

從板子後方壓入團子後，團子還是有可能因鬆動而從孔洞脫落。因此，可將板子擺在桌子等平坦的地方，用雙手拇指從上方把團子壓入，這樣就不用擔心會鬆脫了。

7 從作為主角的 大型植株開始栽種

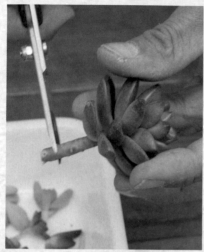

① 在團狀基座上種入植物。先挑選較大型的植株開始作業。

② 剪去多餘部分，僅保留1～2cm的莖幹。

③ 在種入前，先用螺絲起子鑿出與莖幹直徑相符的孔洞。

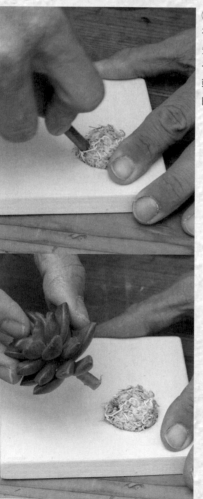

8 從植物的側邊 壓實土壤固定

① 將植株插入鑿出的孔洞中。

② 從植物側邊用螺絲起子把土壤壓實加以固定。

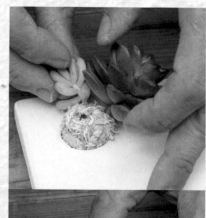

③ 栽種第2株時，鑽洞的位置應避免與先前的莖幹交叉。

⑨ 以中心向外放射 避免莖與莖交錯

① 基本上只要從中心以放射狀延伸，莖幹彼此就不會交錯。

② 栽種時應考量大小、色調與形狀上的平衡，仔細配置。

③ 過程中可摘除一些葉子，以配合安插的位置來調整植株的大小。

⑩ 種入最後一株後 要輕壓側邊來固定

① 種入最後一株後，輕壓側邊空間加以固定。

② 若還有在意的空隙可用較小的植株填滿。

③ 完成。可在空白處寫下名字等內容。

CLOSE UP

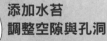 添加水苔 調整空隙與孔洞

若不小心鑽出太大的孔洞時，可用水苔把洞填小。此外，除了能用小植株來填補空隙外，若實在找不到適合的植株時，也可以用鑷子填入水苔。

秘訣 26 利用上板植栽 創造印象深刻的門牌

YOSHIHARA
KONDO
ATELIER TOKIIRO

將多肉植物種在木板或
匾額上,作為門牌、招牌
或壁掛型家飾。

以下就來學習如何把溫馨、可愛
的氛圍融入多肉門牌中,替我們
向訪客傳達「感謝您的造訪,歡
迎蒞臨。」這樣的心情吧!

PLANTS LIST

- 1 春萌
- 2 桃源鄉
- 3 變色龍
- 4 姬朧月
- 5 月之王子
- 6 Purple King（初戀）
- 7 紅葉祭

從作為主幹的大型植物
開始種起

1 先在中心位置種入作為主角的大型春萌與姬朧月。塞入水苔後，用螺絲起子壓實、確實固定。

2 從中心往四面八方栽種，避免植株的莖幹彼此交疊。若植物體積大於插入口時，可修剪下一些葉子。

3 考量整體平衡，在下方種入盛放的 Purple King；上方則栽種細長的桃源鄉、變色龍等，以免給人頭重腳輕的印象。

CLOSE UP

特選植物

① 春萌

生長期：夏生型
科　名：景天科
屬　名：佛甲草屬
特　徵：擁有小而厚的葉片，整年都呈鮮豔的綠色。

② 桃源鄉

生長期：夏生型
科　名：景天科
屬　名：青鎖龍屬
特　徵：長有尖銳葉子的品種，若順利生長會逐漸木質化。

秘訣 27
以20種多肉植物打造大型上板植栽

大型上板植栽能展現令人印象深刻的葉片，及枝條垂落的流動感。讓我們邊思考整體結構，邊完成壯觀的作品吧。

上板植栽的法文Tableau有「畫在板上的繪畫」的意思。因此，在進行上板植栽的混植作業時，可以將它想成一幅畫。完成後就當成壁掛裝飾、門牌或迎賓牌來使用。

PLANTS LIST

1	Ruby Necklace	11	Early Light
2	乙女心	12	Cashmere Black
3	玉綴	13	三色葉
4	姬朧月	14	普諾莎
5	紫牡丹	15	錦乙女
6	春萌	16	覆輪萬年草
7	翡翠珠	17	Purple King
8	養老	18	黛比
9	火祭	19	白牡丹
10	七福神	20	若綠

CLOSE UP

特選植物

⑪ Early Light

生長期：春秋生型
科　名：景天科
屬　名：擬石蓮花屬
特　徵：能長得很大，鮮紅色的葉片帶
　　　　有波浪狀的葉緣，十分亮麗。

① Ruby Necklace

生長期：春秋生型、夏生型
科　名：菊科
屬　名：厚敦菊屬
特　徵：垂落生長，天冷時葉片會轉成
　　　　帶有紫色調的紅色。

在大型木板上設計

1 本作品用了許多大型植株，因此先把板子分為上下兩區，再將主要植株規劃於右上；下方則留給枝條有點長度的品種。

2 在板子上開洞後，鋪上塞入水苔與土壤的鐵網。而為了支撐土壤重量，應從背面用防水性膠合板覆蓋土壤，並用螺絲固定。

3 把主角 Early Light 置於右上方。而為了凸顯 Early Light，下方就不再添加紅色系植株。至於 Ruby Necklace 等具有悠長枝條的品種則集中安排在下方。

秘訣
28

集合小株多肉挑戰 手作花圈

小型花圈很容易製作，在此推薦給初學者。小花圈不僅能裝飾在任何地方，當成禮物也很合適。

尺

混植用的多肉

土壤

萬能網

剪刀

尖嘴鉗

螺絲起子

水苔

鐵絲

花圈據說是能招來幸福的裝飾品。春天選擇會開花的品種，夏天著重於清新感，冬天則建議有美麗紅葉的，一年四季都能觀賞到特有的景緻。

PLANTS LIST

1 養老
2 天使之淚
3 朧月
4 群月花
5 新玉綴
6 虹之玉
7 Green Pet
8 紅葉祭

【工具與材料】
剪刀、螺絲起子、萬能網、水苔、土壤、填土器具、混植用的多肉、尖嘴鉗、鐵絲（插花用鐵絲24號）、尺

進一步融入居家

1 在萬用網上鋪上水苔

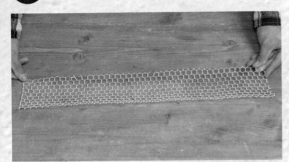

① 製作直徑15～18cm的花圈，先剪出寬10cm、長50cm的網子。

② 鋪上乾燥的水苔，鋪到之後不會漏土的程度。

③ 讓水苔覆蓋整張網子。

④ 從上方用板子把水苔壓平。

2 壓扁水苔

① 挑選能覆蓋整張網子且具有一定重量的板子。

② 壓一天後，水苔就會變得平整，整體厚度也很一致。

③ 從側面看，水苔已與網子融為一體。

③ 鋪上土壤

① 稍微彎起靠近手邊的那一側網子。

② 從一端依序填入乾土，不要讓土落到水苔外。

③ 均勻填入約1cm左右的土壤，這樣捲起來時就不會產生空隙。

④ 在土壤上方擺上水苔。從中心線開始，以免撒出來。

④ 捲成棒狀

① 水苔完全覆蓋土讓後，就開始進行凹捲作業。

② 將網捲起來，用老虎鉗把萬能網的兩邊扭在一起。

③ 中央部份完成後，換兩端，把整體捲成棒狀。

5 強化暫時固定的基座

① 剪出10cm的24號鐵絲，用於強化、固定基座。

② 在暫時固定的地方插入鐵絲，扭緊、固定。間隔3～4cm就反覆進行此步驟。

③ 剪掉突出的鐵絲。

④ 僅保留部分的鐵絲頭。

6 測量花圈的大小

① 用尖嘴鉗把鐵絲頭凹入基座中。

② 彎起基座兩端後相接，使其變成環狀。

③ 測量花圈大小，確認尺寸。

秘訣
29

製作變化型花圈①

著重配色的
花圈

在打底的綠色中增添紅色系點綴。作品的重點是掌握好色彩平衡。

　　裝飾在玄關、門扉的花圈，具有「友善」與「歡迎」的意思。不只是聖誕節，花圈也能作為各類活動的裝飾。然而，梅雨季時若持續淋雨的話可能會發霉，但只要通風OK，就沒問題了。

PLANTS LIST

1 乙女心
2 新玉綴
3 群月花
4 虹之玉

5 紐倫堡珍珠
6 玉蝶
7 姬朧月

把植株配置於能有效展現
色彩平衡的位置

1 在2點鐘與10點鐘方向安排點綴型的品種，對角線上也安插能點綴出重點的植株。

2 種入虹之玉、新玉綴等小型植株，替整體添加綠色色調。

3 完成配置後，需確認整體的狀態、色彩與平衡。葉片要朝各方開展，以營造出生意盎然的模樣。

CLOSE UP

特選植物

② 新玉綴

生長期：夏生型
科　名：景天科
屬　名：佛甲草屬
特　徵：顆粒狀的葉子很有特色，生長型態是貼地延展。

⑤ 紐倫堡珍珠

生長期：春秋生型
科　名：景天科
屬　名：擬石蓮花屬
特　徵：大而厚的紫色葉片，表面還裹著一層白粉。

秘訣 30 展現柔軟綠意的簡約花圈

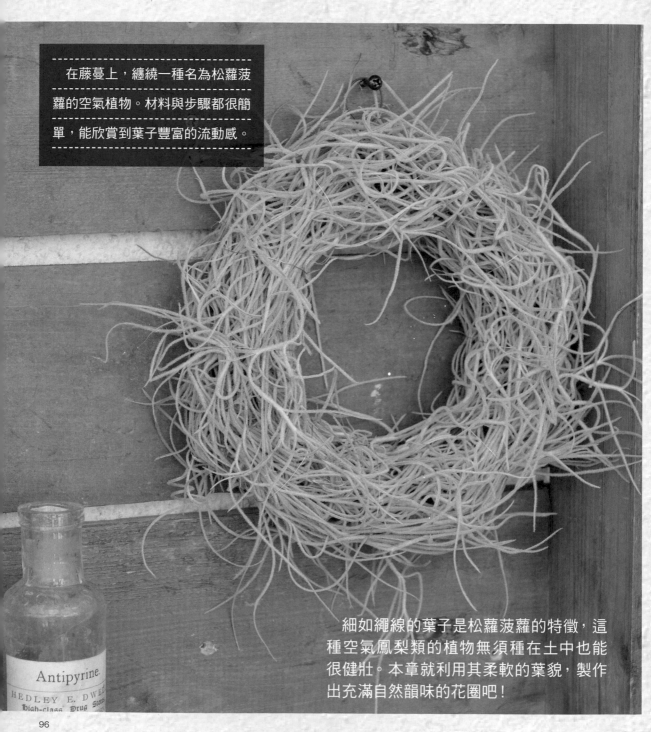

在藤蔓上，纏繞一種名為松蘿菠蘿的空氣植物。材料與步驟都很簡單，能欣賞到葉子豐富的流動感。

細如繩線的葉子是松蘿菠蘿的特徵，這種空氣鳳梨類的植物無須種在土中也能很健壯。本章就利用其柔軟的葉貌，製作出充滿自然韻味的花圈吧！

PLANTS LIST

1 藤蔓
2 松蘿菠蘿

輕巧地固定
松蘿菠蘿

1 輕輕撥鬆松蘿菠蘿，將較粗的藤蔓安排在下方，以帶出花環的穩定度。

2 在藤蔓上纏繞松蘿菠蘿。沿著藤蔓塑造出流動感，捲上金色細鐵絲加以固定。

3 檢視平衡、調整形狀，讓葉子朝各種方向流動。完成後要噴霧。

CLOSE UP

特選植物

花圈的背面
金色鐵絲

固定松蘿菠蘿時，使用金色鐵絲就不會過於顯眼。綁得太緊會失去松蘿菠蘿的柔軟風貌，鬆散地繫住即可。

秘訣 31 打造自我風格的 手工盒盆景

從蒐集盒子到製作，全都自己來，獨立創造出魅力有別於既有商品的作品。

原木很容易腐爛，決定使用木盒時就必須塗上防腐劑。若是購買既有商品，也要確認是否經過防腐處理。塑膠製盒子則可以直接使用。

PLANTS LIST

1	迷你蓮	11	變色龍
2	丸葉秋麗	12	春萌
3	天使之淚	13	新玉綴
4	小黏黏	14	白牡丹
5	姬朧月	15	花蔓草錦
6	乙女心	16	蝴蝶之舞
7	錦乙女	17	森村萬年草
8	Green Pet	18	養老
9	紅葉祭	19	森村萬年草錦
10	普諾莎	20	若綠

木製盒子
需先塗上防腐劑

1 製作木盒時，應預先塗上防腐劑，以免木頭腐爛。此外，淺盒較容易傷到根部，還不熟悉的人建議可先選用較深的盒子。

2 均勻種入紅葉祭、變色龍等帶有紅色調的植株。

3 最重要的是要注意木盒的排水。

CLOSE UP

特選植物

⑦ 錦乙女

生長期：夏生型
科　名：景天科
屬　名：青鎖龍屬
特　徵：黃綠雙色葉片，隨著生長會愈來愈高大。

⑪ 變色龍

生長期：夏生型
科　名：景天科
屬　名：佛甲草屬
特　徵：因其顏色變化而得名。

秘訣 32 運用大木箱 演繹生氣蓬勃的花壇

在很有存在感的盒子中，大量栽種各類多肉植物，打造出生氣蓬勃的巨型混植盆景。

挑選尺寸、顏色各不同的多種植株，在大型箱子中進行混植。這樣的巨型盆景不僅絢爛奪目，更是件強力展現植物蓬勃生命力的作品。

PLANTS LIST

1	姬朧月	11	錦乙女
2	玉綴	12	養老
3	高砂之翁	13	黃金丸葉萬年草
4	白牡丹	14	紐倫堡珍珠
5	乙女心	15	紅晃星
6	玉雪	16	黃麗
7	春萌	17	Ruby Necklace
8	秋麗	18	Early Light
9	圓葉覆輪萬年草	19	大雪蓮
10	若綠		

使用排水性佳的土壤
以防悶蒸

1 許多植物種在一起時，很容易發生悶蒸現象，應多用鹿沼土等排水性佳的介質。

2 在要栽種黃金丸葉萬年草的地方預先填入保水性土壤。就算原本看得到表土，也會隨時間流逝逐漸被萬年草覆蓋。

3 下方要從垂落的 Ruby Necklace 開始種植。右側種入大型的高砂之翁，左側搭配乙女心與養老等加以點綴。

CLOSE UP

特選植物

④ 白牡丹

生長期：夏生型
科　名：景天科
屬　名：風車草屬×擬石蓮屬
特　徵：厚實葉片如玫瑰花般的
　　　　俏麗品種。

⑬ 黃金丸葉萬年草

生長期：夏生型
科　名：景天科
屬　名：佛甲草屬
特　徵：相對耐寒、耐熱的堅韌
　　　　品種，生長型態為橫向
　　　　擴展，四季都能觀賞。

秘訣 34

活用多肉特色編成花束

長太長的植株可以拿來作成多肉花束。

毛線類蝴蝶結材料

剪刀

橡皮筋

鐵絲

改造用多肉植物

花束的英文為「Bouquet」，是用於婚禮或生日等場合的物品。用猶如盛開花朵的多肉植物來製作花束，展現另類風情。

【工具與材料】
鐵絲、蠟紙、毛線類蝴蝶結材料、剪刀、橡皮筋、改造用多肉植物

PLANTS LIST

1 月兔耳
2 天使之淚
3 紫羊絨
4 紫牡丹
5 乙女心
6 反曲景天
7 紐倫堡珍珠
8 方鱗若綠
9 若綠
10 小紅衣

1 加工莖幹短的植株

① 以葉片帶有顏色的多肉（紐倫堡珍珠）為主體開始製作。

② 將鐵絲穿過莖幹，製造出花束的基座。

③ 將鐵絲的中心點對到植株上。

2 凹折鐵絲

① 以植株為中心點，將鐵絲凹成ㄩ字型。

② 將鐵絲繞在另一半的鐵絲上。

CLOSE UP

製作花束的基座

把鐵絲穿過第一棵植株的莖幹，做成花束的握柄。為了能握穩花束，應預留一定長度的鐵絲。在綑綁植株時，要能牢牢將其固定住。

多肉植物的園藝師TOKIIRO
不斷提出各種隨季節變化的創
意組合。本章就來看看他是如
何輕鬆地與多肉打交道，並藉
由這些秘訣來實踐綠色生活！

秘訣 35 與多肉植物交流時 應具備的心態

從一株開始 慢慢增加數量

如果想栽培多肉植物, 建議從哪一種開始呢?

TOKIIRO　什麼品種都行,但我建議最好從喜歡的品種開始。現在在花店或大型綜合商場都有販售,各位可以把一見鍾情的可愛品種移植到漂亮的容器裡栽種。我一開始也是如此。

　　各位還可以嘗試增加栽培的種類,或配合季節讓多肉開花。在創造混植變化時,應該會經常用到最開始栽種時的品種。因此,在購買一棵植株後,建議不要種得太密集,可以移植到較大的容器內使其繁殖生長。此外,還可以慢慢添購新苗,或是購買新的容器嘗試各種變化。

購買多肉植物時, 有什麼推薦的品種嗎?

TOKIIRO　雖然一開始應該會想購買有主角氣場的植株,但一些小巧可愛的配角型品種,也能讓盆景看起來更有立體感。

此外，直接購買已經搭配好的混植盆栽作為範本，用來學習、模仿也不失為一個選擇。

從培育一株植栽開始，逐漸增加數量與品種，再嘗試把原本的單株多肉集結成一盆，如此就能慢慢成為混植達人。

多肉植物不該養在室內而是養在室外

雖然有許多人會想把多肉植物當成室內的觀賞用盆栽，但實際上，該如何把多肉植物帶入我們的生活中呢？

TOKIIRO　首先，各位必須要理解，多肉植物是要養在室外的。雖然是可以暫時擺在室內觀賞，或為了避寒而移入室內，但基本上多肉是適合擺在屋外的植物。此外，我也建議要能有效運用陽台等空間，在原本空無一物的陽台一角，創造出充滿多肉的區域並享受培育的樂趣，光想都覺得樂趣無窮呢！

栽培的重點是陽光、通風與澆水

栽培多肉植物時，有沒有什麼必須遵守的要點呢？

TOKIIRO　雖然照顧重點會依品種而異，但最重要的是日照與通風。澆水方面，有開孔的容器可以大量給水，直到下方有水排出為止。最佳狀況是：在給水一週後土壤才變乾。

至於沒有開孔容器，基本上就幾乎不

要澆水，只需偶而給予容器三分之一的水量就好，且下方不得有積水。此外，也可以用噴霧器將植株噴溼。雖然植物基本上只會從根部吸水，但讓葉片帶有水分能避免害蟲附著。

而如果一直擺在同個位置，天冷時，土壤會較難乾燥，應隨季節變化來變換放置的位置。

當然，各種環境下的照料方式也不盡相同。例如：擺在海風強勁的地方，土壤就會乾的很快，就算每天澆水多肉也能長得很好。通風非常重要，但配合栽種場所、環境給予適當管理也是關鍵。

澆水的時機有什麼重點嗎？

TOKIIRO　沒什麼特別的重點。不過，水是光合作用的重要元素，因此我建議要在光合作用活躍的10～30℃時，給予充足的水分。

挑戰混植時的
心理準備

初次嘗試混植時
該如何開始？

TOKIIRO　比起栽種感，多肉植物的混植更像是在作畫。由於過程中要組合形形色色的植株，所以，我認為一開始就該仔細觀察每棵植株。

　　譬如把白色植株想成是白色色鉛筆，思考該在哪裡增添偏白的色調才能提升整體的平衡。也能利用大小、高低等形狀差異來帶出立體感。

　　我會建議先從5～6種植株開始。各位最初可能會想選擇葉片呈花朵狀的品種，但其實這樣較難作出漂亮的混植變化。較好的做法是選擇細長的品種，並一點一滴地添入，這樣才能營造出具有高低差與立體感的盆景。

該如何選擇容器？

TOKIIRO　容器能反映一個人的興趣、愛好。最適合多肉植物的是赤陶材質的花盆，義大利語 Terracotta 的意思是「烤過的土」。

　　近年來隨著雜貨風大行其道，許多人都會把馬口鐵罐或在進口罐頭的底部開個洞作為容器使用；其實這些材質並不透氣，容易導致植株腐爛。基本上我會推薦赤陶等素燒盆，不僅透氣性佳，也較適合用在植株的栽培上。

認識的品種愈多，混植的豐富度
也會愈廣。以下就來從色調與形狀
等特徵，找出喜歡的品種吧！

※生長期的季節是以日本關東地區為準，
　但適宜生長的氣溫約為10～30度。

黃金丸葉萬年草

生長期 ————————
夏
科 名 ————————
景天科
屬 名 ————————
佛甲草屬
特 徵 ————————
相對耐寒、耐熱的堅韌
品種，生長型態為橫向
擴展，四季都能觀賞。

乙女心

生長期 ————————
夏
科 名 ————————
景天科
屬 名 ————————
佛甲草屬
特 徵 ————————
紅葉期會染上粉色的可
愛品種。

朧月

生長期 ————————
夏
科 名 ————————
景天科
屬 名 ————————
風車草屬
特 徵 ————————
葉片長得如花朵般的墨
西哥原產品種。

紫羊絨

生長期 ————————
冬
科 名 ————————
景天科
屬 名 ————————
蓮花掌屬
特 徵 ————————
具有強烈氣味，產生紅
葉時會轉變成褐色。

變色龍

生長期 ————————
夏
科 名 ————————
景天科
屬 名 ————————
佛甲草屬
特 徵 ————————
因顏色變化而得名。

丸葉秋麗

生長期 ————————
夏
科 名 ————————
景天科
屬 名 ————————
風車草屬
特 徵 ————————
葉子很容易碰掉，但也
很容易增生。

銀月

生長期 ————
夏
科 名 ————
菊科
屬 名 ————
黃菀屬
特 徵 ————
葉片表面覆有白粉，葉
形呈弦月狀。

翡翠珠

生長期 ————
夏
科 名 ————
菊科
屬 名 ————
黃菀屬
特 徵 ————
長有許多球狀葉子的討
喜品種。

Green Pet

生長期 ————
夏
科 名 ————
景天科
屬 名 ————
佛甲草屬
特 徵 ————
會從數不盡的小葉中開
出美麗的花朵。

群月花

生長期 ————
春、秋
科 名 ————
景天科
屬 名 ————
擬石蓮花屬
特 徵 ————
厚實的葉片叢生，顏色
為鮮豔的綠色。

黃金細葉萬年草

生長期 ————
夏
科 名 ————
景天科
屬 名 ————
佛甲草屬
特 徵 ————
擁有鮮明的黃色，常作
為地被植物。

粉雪

生長期 ——————
夏
科　名 ——————
景天科
屬　名 ——————
佛甲草屬
特　徵 ——————
猶如覆著白雪的白色葉
片呈分枝生長。

錦乙女

生長期 ——————
夏
科　名 ——————
景天科
屬　名 ——————
青鎖龍屬
特　徵 ——————
長著黃綠雙色葉片，植
株會愈長愈高大。

養老

生長期 ——————
春、秋
科　名 ——————
景天科
屬　名 ——————
擬石蓮花屬
特　徵 ——————
葉片如花瓣綻放。

春萌

生長期 ——————
夏
科　名 ——————
景天科
屬　名 ——————
佛甲草屬
特　徵 ——————
擁有小而厚的葉片，整
年都呈現鮮豔的綠色。

秋麗

生長期 ——————
夏
科　名 ——————
景天科
屬　名 ——————
風車草屬
特　徵 ——————
非常強韌的植物，就算
新手也能駕馭。

反曲景天

生長期 ——————
夏
科　名 ——————
景天科
屬　名 ——————
佛甲草屬
特　徵 ——————
長有許多細小葉片，莖
幹會漸漸傾斜。

白妙

生長期 ——————
春、秋
科　名 ——————
景天科
屬　名 ——————
佛甲草屬
特　徵 ——————
小巧的圓形葉子成串生
長。

玉雪

生長期 ——————
冬
科　名 ——————
景天科
屬　名 ——————
佛甲草屬×擬石蓮花屬
特　徵 ——————
圓潤的葉子尖端帶有粉
色的品種。

紫牡丹

生長期 ——————
春、秋
科　名 ——————
景天科
屬　名 ——————
擬石蓮花屬
特　徵 ——————
一如其名，葉尖帶有煙
燻紫的品種。

靜夜

生長期 ——————
春、秋
科　名 ——————
景天科
屬　名 ——————
擬石蓮花屬
特　徵 ——————
圓形葉片如花朵般，是
外型嬌小的品種。

高砂之翁

生長期 ——————
春、秋
科　名 ——————
景天科
屬　名 ——————
擬石蓮花屬
特　徵 ——————
具有波浪狀的大型葉
片，紅葉時前端會轉成
紅色。

玉綴

生長期 ——————
夏
科　名 ——————
景天科
屬　名 ——————
佛甲草屬
特　徵 ——————
葉尖銳利、葉身渾圓飽
滿，葉子密集生長。

月美人

生長期 ————————
夏
科　名 ————————
景天科
屬　名 ————————
厚葉草屬
特　徵 ————————
淡灰色的葉片為其特
徵，跟「星美人」長得
很像。

姬星美人

生長期 ————————
夏
科　名 ————————
景天科
屬　名 ————————
佛甲草屬
特　徵 ————————
又細又圓的小葉成群生
長，短時間內就能大量
繁殖。

桃源鄉

生長期 ————————
夏
科　名 ————————
景天科
屬　名 ————————
青鎖龍屬
特　徵 ————————
長有尖銳葉子的品種，
若順利生長會逐漸木質
化。

三色葉

生長期 ————————
夏
科　名 ————————
景天科
屬　名 ————————
佛甲草屬
特　徵 ————————
帶有紫紅色鑲邊的深綠
色葉片為其特色。

天使之淚

生長期 ————————
夏
科　名 ————————
景天科
屬　名 ————————
佛甲草屬
特　徵 ————————
圓潤小巧的鮮綠色葉子
如玫瑰花瓣般交疊生
長。

虹之玉

生長期 ————————
夏
科　名 ————————
景天科
屬　名 ————————
佛甲草屬
特　徵 ————————
少量給水並擺在日照良
好的地方栽培，冬天就
會轉成紅色。

紅晃星

生長期 ————————
春、秋
科 名 ————————
景天科
屬 名 ————————
擬石蓮花屬
特 徵 ————————
寒冷與乾燥的環境會使
厚實的葉片染上紅色。

紐倫堡珍珠

生長期 ————————
春、秋
科 名 ————————
景天科
屬 名 ————————
擬石蓮花屬
特 徵 ————————
又厚又大的紫色葉片上
裹著一層白粉。

白鵬

生長期 ————————
春、秋
科 名 ————————
景天科
屬 名 ————————
擬石蓮花屬
特 徵 ————————
冬天時葉尖會產生粉色
的紅葉，是能充分享受
其存在感的品種。

白牡丹

生長期 ————————
夏
科 名 ————————
景天科
屬 名 ————————
風車草屬×擬石蓮屬
特 徵 ————————
厚實葉片如玫瑰花般的
俏麗品種。

普諾莎

生長期 ————————
夏
科 名 ————————
景天科
屬 名 ————————
青鎖龍屬
特 徵 ————————
莖幹上長滿了裹著白粉
的橢圓形小葉。

藍石蓮

生長期 ————————
春、秋
科 名 ————————
景天科
屬 名 ————————
擬石蓮花屬
特 徵 ————————
如玫瑰花般交疊生長的
葉片令人印象深刻。雖
然很耐旱，但卻不耐盛
夏高溫、潮濕的環境。

新玉綴

生長期 ————
夏
科　名 ————
景天科
屬　名 ————
佛甲草屬
特　徵 ————
特色是顆粒狀的葉子，
生長型態為貼地延伸。

法雷

生長期 ————
春、秋
科　名 ————
景天科
屬　名 ————
佛甲草屬×擬石蓮花屬
特　徵 ————
特色是呈玫瑰狀開展的
葉片及尖銳葉尖，冬夏
季會進入休眠期。

圓葉覆輪萬年草

生長期 ————
夏
科　名 ————
景天科
屬　名 ————
佛甲草屬
特　徵 ————
圓形葉片鑲有白邊，在
溫暖的地區常作為地被
植物。

覆輪萬年草

生長期 ————
夏
科　名 ————
景天科
屬　名 ————
佛甲草屬
特　徵 ————
葉形細長尖銳，屬於耐
旱好養的品種。

迷你蓮

生長期 ————
春、秋
科　名 ————
景天科
屬　名 ————
佛甲草屬
特　徵 ————
會在修長的莖幹尖端冒
出子株。

姬朧月

生長期 —————
夏
科 名 —————
景天科
屬 名 —————
風車草屬
特 徵 —————
紅色調的三角形葉片呈
玫瑰狀生長，水分太多
時會變得脆弱。

花蔓草錦

生長期 —————
春、秋
科 名 —————
番杏科
屬 名 —————
露草屬
特 徵 —————
前端尖銳的勺狀葉片帶
有光澤，生長時會貼地
朝四面延伸。

白閃冠

生長期 —————
春、秋
科 名 —————
景天科
屬 名 —————
擬石蓮花屬
特 徵 —————
葉片上覆滿細小纖毛，
擁有毛絨絨的觸感。

美空鉾

生長期 —————
春、秋
科 名 —————
菊科
屬 名 —————
黃菀屬
特 徵 —————
細長的葉片成簇生長，
澆太多水時葉片會綻
開，形狀較不美觀。

青鎖龍

生長期 —————
春、秋
科 名 —————
景天科
屬 名 —————
青鎖龍屬
特 徵 —————
外觀為深綠色，生長型
態為單枝向上延伸。不
耐潮濕，須躲避梅雨和
冬雨。

紅葉祭

生長期 —————
春、秋
科 名 —————
景天科
屬 名 —————
青鎖龍屬
特 徵 —————
耐寒也耐熱的品種，夏
天時為綠色，冬天則會
轉成紫紅色。葉子呈規
則生長且形狀偏薄。

森村萬年草

生長期 ————————
夏
科　名 ————————
景天科
屬　名 ————————
佛甲草屬
特　徵
秋天到春天期間會產生
紅葉，很適合以混植的
方式作為地被植物。

大和錦

生長期 ————————
春、秋
科　名 ————————
景天科
屬　名 ————————
擬石蓮花屬
特　徵
生長時不是莖幹抽高，
而是葉片從根部開展。
葉尖銳利，不耐雨水。

大雪蓮

生長期 ————————
春、秋
科　名 ————————
景天科
屬　名 ————————
擬石蓮花屬
特　徵
具有藍色調的厚實葉
片，冬天會開紅花。

Ruby Necklace

生長期 ————————
夏
科　名 ————————
菊科
屬　名 ————————
厚敦菊屬
特　徵
翡翠珠的近親，型態為
垂落生長，葉子形狀細
長。

玉蝶

生長期 ————————
春、秋
科　名 ————————
景天科
屬　名 ————————
擬石蓮花屬
特　徵
葉緣帶有淡粉色，是適
合種在戶外的品種。

若綠

生長期 ————————
夏
科　名 ————————
景天科
屬　名 ————————
青鎖龍屬
特　徵
長有密集小葉的莖幹會
伸長並產生分枝，是耐
熱、耐寒的品種。

【作　者】
近藤 義展（TOKIIRO）
TOKIIRO創辦人、發言人／植物空間設計師
1969年出生於新潟縣糸魚川市，東京藥科大學肄業。在摸索自己為何
而生時，於2008年邂逅了已故園藝家柳生真吾的多肉植物創作，並在
2009年開始經營季色（TOKIIRO）這一品牌，主要以運用多肉植物在
容器（空間）中作畫的方式來創造生命世界。著有《多肉植物生活の
すすめ》（主婦與生活社出版）、《ときめく多肉植物図鑑》（山與溪谷
社出版）。所著書籍也翻譯成繁體中文、韓文與英文版，將獨特的世界
觀推廣至海外。現任NHK趣味園藝講師、日本園藝協會講師。

TOKIIRO的多肉植物裝飾指南
一盆混栽，享受豐富變化

出　　　　版／楓葉社文化事業有限公司
地　　　　址／新北市板橋區信義路163巷3號10樓
郵 政 劃 撥／19907596　楓書坊文化出版社
網　　　　址／www.maplebook.com.tw
電　　　　話／02-2957-6096
傳　　　　真／02-2957-6435
作　　　　者／TOKIIRO
翻　　　　譯／洪薇
責 任 編 輯／陳鴻銘
內 文 排 版／洪浩剛
港 澳 經 銷／泛華發行代理有限公司
定　　　　價／360元
初 版 日 期／2023年7月

國家圖書館出版品預行編目資料

TOKIIRO的多肉植物裝飾指南：一盆混栽，
享受豐富變化 / TOKIIRO作；洪薇譯. -- 初
版. -- 新北市：楓葉社文化事業有限公司,
2023.07　面；　公分

ISBN 978-986-370-561-1（平裝）

1. 多肉植物　2. 園藝學

435.48　　　　　　　　112008335